時代をつくるデザイナーになりたい!!

Fashion Designer

ファッションデザイナー

洋服を着る人の
笑顔に出会いたいから、めざせ、
ファッションデザイナーを!!

協力 東京ファッションデザイナー協議会（CFD TOKYO）

六耀社

時代をつくるデザイナーになりたい!!
ファッションデザイナー

もくじ

3 …… 第1章 うるおいのある生活を演出してくれる新しい洋服をデザインする

ファッションデザイナーの基礎知識①／ファッションデザイナーの基礎知識②／ファッションデザイナーの基礎知識③／ファッションデザイナーの基礎知識④

10 …… 第2章 新しい時代をひらくファッションデザイナー

11 …… 「ファッションデザイン」はこうして始まった

12 …… ファッションデザイナーの仕事① 新作デザインを発表する

新作デザインは「春・夏」「秋・冬」の2シーズンに向けて発表される／新作発表までの流れ／コレクションの意味を知る／ファッションショーはなぜ開かれる？／世界の一流デザイナーが集う／新しいスタイルのファッションショー／世界の5大コレクション／ファッションショーはこうして開かれる

18 …… ファッションデザイナーの仕事② 展示会で新作デザインを発表する

展示会の役割／バイヤーとは／展示会を開く／ファッションデザイナーが語る 新しいデザイン発表への熱い思い（AKIさん、安藤大春さん、小篠ゆまさん、白木大地さん、中島 篤さん）

22 …… ファッションデザイナーの仕事③ ファッション画を描く

ファッション画にもとめられること／ファッション画の役割／ファッション画を描く作業／ファッション画を描く道具／生地を選定する／生地の基礎知識

27 …… ファッションデザイナーの仕事④ 新作デザインを立体化する

最高のパートナー「パタンナー」／パタンナーの作業／パタンナーをめざす／サンプルを作る（展示会用のサンプルを作る、大量生産のためのサンプルを作る）

30 …… ファッションデザイナーの仕事⑤ 縫製工場に仕立てを依頼する

縫製工場で大量生産する／縫製工場の作業／洋服を完成させる縫製工

32 …… ファッションデザイナーの仕事⑥ ブランド直営店で販売する

ブランド直営店の役割

33 …… ファッションデザイナーの気になるQ&A

Q1 ファッションデザイナーの資格は？ Q2 ファッションデザイナーになるための進路は？ Q3 ファッションデザイナーをめざしたきっかけは？ Q4 ファッションデザイナーになるために学ぶことは？ Q5 ファッションデザイナーのほかにファッションにかかわる仕事は？ Q6 ファッションデザイナーをめざすときに気をつけることは？

第1章

うるおいのある生活を演出してくれる
Fashion Designer
新しい洋服をデザインする

人びとは、日常生活のさまざまな場面に合わせて
洋服を選びながら着こなしています。
これから紹介するファッションデザイナーは、
人びとが身にまとう洋服や
いろいろな装身具をデザインして創作する専門家です。
ファッションデザイナーが生み出す新しいデザインの洋服は、
ときに人びとの心をなごませ、
心をいやしてくれる役割をはたしてくれます。

ファッションデザイナーの基礎知識 ①

洋服は、私たちが生活していくために欠かせない必需品です。日常生活では、季節の変化や生活のいろいろな場面に合わせて、自分に合った洋服を選びながらじょうずに着こなしています。

自分で好きな色や形の洋服を選んで着ると、心が落ち着いてうれしくなるのよね。

う〜ん！着るものがないと、ぼくたちの生活はどうなるのかな……。

洋服にかかわる会社や小売り店の集まった業界をアパレル産業といいます。

アパレルとは

私たちは、いつでも新しい洋服を手に入れることができます。それは、洋服を生産したり小売りする、専門の会社や小売り店が充実しているおかげです。

アパレルは、英語で洋服をあらわすことばです。洋服の生産を専門にあつかう会社をアパレル企業とよび、小売り店などをふくめた集まりをアパレル産業またはアパレル業界といいます。アパレル企業の中には、新しい洋服を企画して生産までを手がけるアパレルメーカーがあります。アパレルメーカーには、ファッションデザイナーが所属して、新しい洋服のデザインを手がけています。

私がお母さんとよく利用するお店には、いつでもお気に入りの服がならんでいるわ。

洋服は、私たちの生活をささえている「衣・食・住」という3つの要素のうち、「衣」の要素を代表するものです。

衣 洋服・和服など着るものや装身具。

食 食べものや調理道具・食器・調理の場。

住 家やビルなどの建もの、家具・内装品。

私たちは、3つの要素がそろって、はじめて安心でゆたかな生活を送ることができるのね。

うるおいのある生活を演出してくれる新しい洋服をデザインする

流行

衣・食・住のようすは、時代のうつり変わりや人びとの要求に合わせて、変化をとげてきました。そして、時代とともに新しく登場したものが人びとのもとめるものと一致したときに「流行」が生まれるのです。

服をあらわすアパレルは、ファッションの一部にふくまれるのね。

流行 ⇔ 英語 ファッション fashion

流行は、英語で表現すると「ファッション」といいます。そして、「ファッショナブル」（流行の～）などということばであらわされ、衣・食・住のすべてにかかわっているのです。とくに、衣・食・住の中でも衣の世界と深くかかわっているといえるでしょう。たとえば、洋服（アパレル）をはじめ、指輪やネックレスなどの装身具、靴やバッグに化粧品までふくまれます。

ファッションがかかわる世界のおもなもの

- 洋服（アパレル）
- 化粧品
- 靴
- 装身具
- バッグ

ファッションデザイナーの基礎知識②

新しいデザインのイメージを具体的な形にして、洋服として表現することをファッションデザインといいます。その仕事にたずさわるのが、ファッションデザイナーです。

ファッションデザイナーが活躍するスタイルは、2通りあります。

アパレルメーカーに所属するファッションデザイナーは、会社の企画案にしたがって新しいデザインを創作します。

ブランド（※）には、ファッション企業のブランドと個人のブランドがあります。フリーランスで活躍するファッションデザイナーは、個人のブランドを立ち上げて活躍します。

- アパレルメーカーに所属する
- 自分のブランドを立ち上げる

うるおいのある生活を演出してくれる新しい洋服をデザインする

この本に登場する5人のファッションデザイナーのブランド名
※5人のプロフィールは20-21ページにあります。

MIDDLA	安藤大春さん「MIDDLA」（ミドラ）
ATSUSHI NAKASHIMA	中島 篤さん「ATSUSHI NAKASHIMA」（アツシナカシマ）
anuuné	白木大地さん「anuuné」（アヌーン）
GUT'S DYNAMITE CABARETS	AKIさん「GUT'S DYNAMITE CABARETS」（ガッツダイナマイトキャバレーズ）
BOISNONVERNI	白木大地さん「BOISNONVERNI」（ボイスノンヴァーニ）
YUMA KOSHINO	小篠ゆまさん「YUMA KOSHINO」（ユマコシノ）

※新しく創作したデザインの特徴や価値をしめす名称。

ファッションデザイナーの基礎知識③

ファッションデザイン界の第一線で活躍するファッションデザイナーには、次のような3つの力がもとめられます。

ファッションについて学んだり、仕事の経験を積みながら3つの力を身につけることができるのね。

1 独創的な表現力
アイディアに富んだ発想による、これまでにない機能性や色・形などを表現できる。

2 時代を予測する力
世の中で、これからどのようなものが受け入れられていくかを判断しながら、時代を先取りして新しいデザインに反映させることができる。

3 時代を分析する力
世の中で話題になっているものが、なぜ人気を集めているのか、と分析した結果をデザインに反映させることができる。

ファッションデザイナーの基礎知識 ④

ファッションデザイナーをめざす人、ファッションデザイナーの若手に向けて、適性や実力を試すことができるファッション・コンテストがあります。

高校生になったら参加できるコンテストがあるのね。

高校生が参加できるファッションコンテスト

全国の高校生が競う「ファッション甲子園」

正式には「全国高等学校ファッションデザイン選手権大会」とよび、多くの縫製工場が集まる青森県弘前市の商工会議所と地元のアパレル産業の団体、青森県・弘前市が主催する全国の高校生を対象にしたファッションコンテストです。2000年に青森県・岩手県・秋田県が参加して始まった大会は、2015年に第15回を迎えました。

応募資格は、高等学校とそれに準ずる専門学校に在籍する生徒が対象です。ひとつの学校の2名1組でチームとなり顧問の先生との連名で応募することが基本となります。まず、自由な発想で描いたデザイン画をもとに第1次審査がおこなわれます。第1次審査を通過後は、最終審査会までに衣装を制作して、弘前市で開かれるファッションショーに参加しますが、モデルはチーム内の1名がつとめることになります。

2015年の場合は、3月1日から5月15日まで募集されて、第1次審査は5月22日におこなわれました。結果は6月上旬に発表されて35点以内の入選作品が選ばれました。最終審査会は8月23日に弘前市民会館でおこなわれました。最終審査会に参加する学校は、前日の8月22日までに衣装を制作しなければなりません。

優勝校は、パリに、準優勝校と3位校はメルセデス・ベンツファッション・ウィーク東京にそれぞれ招待されました。

くわしくは http://www.f-koshien.com/ を参照してください。

写真はすべて2015年の「ファッション甲子園」です。左から、優勝・私立女子美術大学付属高等学校（東京都）、準優勝・市立川崎高等学校（神奈川県）、第3位・都立篠崎高等学校（東京都）、右は決勝大会のようす（写真提供：青森県弘前市・ファッション甲子園実行委員会事務局）

歴史ある服飾の学校による「全国ファッションコンテスト」

約90年の歴史を誇る杉野学園は、日本で初めてのファッションショーを主催したことでも知られている、わが国有数の服飾系の学校です。その杉野学園による「全国ファッションデザインコンテスト」は、2015年で第53回を数える歴史あるコンテストです。対象は、まだコレクションを発表していない一般人と学生で、海外からの応募もあります。また、高校生のためのデザイン画（ファッション画）コンテストも同時におこなわれます。

デザインはメンズとレディスにわたり、作品のテーマは自由です。第1次審査はデザイン画でおこなわれ、第1次審査の合格者が実際の衣装を制作して最終審査に進みます。ちなみに2015年には2000点を超える応募があり、最終審査には39名が進みました。最終審査は、学校ホールにおいてファッションショー形式でおこなわれます。

専門学校が主催するファッションコンテスト

「スチューデント・ファッションデザイン・コンテスト」は、銀座デビューが約束されたコンテストです。東京ファッション専門学校が開催して、銀座の有名デパートで優秀作品が発表されます。ファッションデザインと、きものデザインの部門があり、高校生や大学・専門学校生が参加しておこなわれます。

愛知県を中心にした中部ファッション専門学校が開催する「CFC FASHION CONTEST」は、企画から作品制作、演出まで、すべてを学生が中心となって進めるファッションコンテストです。毎年2月に卒業記念としておこなわれ、個人クリエーションと企画リアルクローズの2部門でファッションデザインの実力が競われます。

若手のファッションデザイナーが挑戦する

女性向けファッション雑誌による「装苑賞」

1936年に創刊された雑誌「装苑」（文化出版局）は、ファッション雑誌の草分け的存在で、世代を超えた女性読者に愛読されています。その装苑が新人のファッションデザイナーを対象に開いているファッションコンテストが「装苑賞」で、2015年には第89回を数えました。新人デザイナーの登竜門としても知られ、コシノジュンコ、山本寛斎、山本耀司など数多くの有名なファッションデザイナーを世に送り出してきたことで知られています。

地域の活性化をめざすファッションコンテスト

ファッションの能力検定をおこなう日本ファッション教育振興協会が共催する「TOKYO NEW DESIGNER FASHION GRAND PRIX」は、プロとアマチュアの2部門がもうけられています。プロの場合は、メンズまたはレディスのデザインにかかわり、自分のブランドを立ち上げて活動期間が7年以内の人が対象です。アマチュアは、学生が対象で1次審査はファッション画、最終審査は実物作品によっておこなわれ、テーマの表現力やデザインの独創性、パターン縫製の完成度などが見られます。

全国各地で、地元の産業の活性化や町起こしなどの目的でコンテストがおこなわれています。名古屋の「ナゴヤファッションコンテスト」では、メンズ、レディス、キッズの3部門で自由な発想の作品が応募できます。最終審査はファッションショーの形式でおこなわれます。

繊維の町として知られる静岡県・浜松市では、ファッションの町をめざして「浜松シティファッションコンペ」がおこなわれます。対象はアマチュアで、作品はレディス、そして浜松を産地とする綿を中心とした素材を使うことが定められています。

1973年にファッション都市宣言をした兵庫県・神戸市は、「神戸から新しいファッションの提案」をテーマに「KOBE Fashion Contest」を開催しています。現在は、フランス、イタリア、イギリスへの留学の支援を目的におこなわれ、派遣した留学生の数は100名近くいます。

地元の企業が積極的に参加しておこなわれるのが岡山県・倉敷市の「倉敷ファッションフロンティア」です。地場産業の振興を目標にしているところから、ユニフォームとジーンズ＆カジュアルウェアというユニークな部門でデザインのコンテストがおこなわれます。

※ここに掲載した情報はすべて2015年現在のものです。

第2章

新しい時代をひらく
ファッションデザイナー
Fashion Designer

新しい洋服を初めて着たときのわくわく感。
あなたは、そんな楽しい経験をしたことはありませんか。
自分の好きな色や形の洋服にめぐり合ったとき、
私たちは、とても幸せな気持ちになることができます。
すてきな洋服と出合って、楽しくゆたかに暮らしていきたい。
そんな期待にこたえてくれるのが、
新しいデザインの洋服を創作するファッションデザイナーです。
この本では、ファッションデザイナーが
どのように新しい洋服を作り出すのか、
そのようすをみていきます。

「ファッションデザイン」はこうして始まった

ファッションデザインとされるスタイルが初めて登場したのは、いまから150年以上前のことです。

1825年、イギリスに生まれたシャルル・フレデリック・ウォルトは、成長すると服飾の世界で活躍するようになりました。当時のイギリスは、男性向けのファッションが中心でした。でも、ウォルトは、どうしても女性向けのファッションを手がけたいと考えていました。そこで、意を決した彼は、女性向けファッションの中心地フランスのパリにわたったのです。

ウォルトは、苦難の末に高級絹織物をあつかう店で活躍するようになりました。彼は、その店で実績を積み、やがて、1858年に「ワース・エ・ホベルク」という自分の店を開きました。この店では、布地の仕入れからデザイン、そして、ファッションショーを開くなど、デザインから販売までを一貫しておこないました。このシステムが初のオートクチュールであり、ファッションデザインの始まりといわれています。

ウォルトは、こうして1868年には「フランス・クチュール協会」を創立しました。さらに、独自のブランドでデザイン活動をおこなったことから、ウォルトは、ファッションデザイナーの祖ともいわれているのです。

1895年にウォルトが亡くなり、息子のジャンとガストンが事業を引きつぐと、メゾン（フランス語で店のこと）は「メゾン・ウォルト」とよばれるようになりました。

写真は、いずれも「メゾン・ウォルト」による19世紀末〜20世紀初頭のイブニングドレス。
（提供：杉野学園衣裳博物館）

オート・クチュールとプレタポルテ

オートクチュールは、高級な注文服(オーダーメイド)のことをいいます。オートクチュールでは、お客の注文を受けて、その人に合ったサイズの服を一着一着手作りしていきます。

一方、プレタポルテは、あらかじめいろいろなサイズが大量生産される服のことで、既製服とよばれます。

ファッションデザイナーの仕事 ❶

ファッションデザイナーの新作デザインは、毎年2シーズンに分かれて発表されます。
その後、新しい洋服は専門店を中心に登場しますが、ファッションデザイナーがどのようにかかわっているかをみていきましょう。

春・夏シーズン

新作デザインは「春・夏」「秋・冬」の2シーズンに向けて発表される

ファッションデザイナーは、毎年2つのシーズンに向けて開かれるファッションショーと展示会という新作発表会をめざして新作をデザインします。
とくに展示会は、新作を発表する場であるとともに、たいせつな商取引きの場でもあるのです。
新作の洋服は、春・夏シーズン向けと秋・冬シーズン向けに分けられています。写真は、同じファッションデザイナーによる春・夏ものと秋・冬ものです。生地の厚さや色・形もそれぞれのシーズンに合わせて工夫されているのが分かるでしょう。

作業工程 （作業工程表の写真は、白木大地さんデザインの洋服）

2016年 春・夏もの

- **2015年**
- **7月**：テーマ（コンセプト）を決める
- **8月**：トワルチェックをする ※ 舞台演出、招待状作成、音楽構成、ヘアメイク提案 パタンナーに依頼
- **9月**：コレクションの構成プロデュース サンプル作り 素材選定を始める
- **10月**：モデルオーディション サンプルアップ コーディネート
- **11月**：春・夏コレクションのファッションショーを開く ※色やシルエットの組み合わせも考える ファッション画を描く
- **12月**：春・夏コレクションの展示会を開く パタンナーに依頼
- **2016年**
- **1月**：トワルチェックをする
- **2月**：テーマ（コンセプト）を決める サンプル作り コレクションの構成プロデュース 舞台演出、招待状作成、構成、ヘアメイク提案 音楽

2016年 秋・冬もの

※トワルチェックとは、仮縫い用の生地で作った洋服をボディ（人型）に着せておこなうデザインチェックのこと。

新作発表までの流れ

ファッションショーと展示会には、ファッションデザイナーが選んだ人たちが招待されます。展示会では、ファッション業界のバイヤー（18ページ）とよばれる人たちが商談におとずれ、売買契約をファッションデザイナーと結びます。ファッションデザイナーにとっては、展示会で売れた数量が、売り上げにつながることになります。

また、ファッション関連の雑誌記者・評論家などもファッションショーや展示会に招かれます。ファッション雑誌でシーズンに合わせて紹介される新作情報は、一般読者の購買に結びつく役割をはたしてくれます。

このような新作発表会は、さまざまな形で何度も開かれます。ときには、海外で開かれることもあります。

新作の洋服は、毎年10月ごろに翌年の春・夏シーズン向けが発表されます。そして、3月ごろにその年の秋・冬シーズン向けが発表されます。ファッションデザイナーは、新作発表会の開催時期に間に合うように、半年以上前から新作デザインのアイディアを発想して、その後の作業を進めます。そして、発表会が終了すると、休む間もなく次の展示会に向けて新作発表のための作業を始めることになります。

秋・冬シーズン

写真は、小篠ゆまさんのブランド「YUMA KOSHINO」の2015年春・夏コレクション（左）と、2015年秋・冬コレクション（右）。

2017年春・夏もの

3月	素材選定を始める
4月	※色やシルエットの組み合わせも考える／ファッション画を描く
5月	パタンナーに依頼
6月	トワルチェックをする
7月	テーマ（コンセプト）を決める
8月	※舞台演出、招待状作成、音楽構成、ヘアメイク提案／コレクションの構成プロデュース
9月	サンプル作り
10月	モデルオーディション／サンプルアップ／コーディネート／春・夏コレクションのファッションショーを開く／春・夏コレクションの展示会を開く

2017年 秋・冬もの

3月：モデルオーディション／サンプルアップ／コーディネート／秋・冬コレクションのファッションショーを開く／秋・冬コレクションの展示会を開く
4月：素材選定を始める

コレクションの意味を知る

　ファッションデザイナーが新作を発表するファッションショーや展示会のことを、ファッション業界ではコレクションとよんでいます。

　もともとコレクションとは、収集などの意味を持ち、集められたものをしめすことばです。ファッションショーや展示会にはファッションデザイナーが参加します。そのときにいろいろなブランドを集める、つまり収集するという意味でコレクションということばが使われます。

　同時に、ファッションデザイナーが発表するために作る複数の新作デザインの洋服をコレクションといいます。

ファッションショーはなぜ開かれる？

　ファッションデザイナーは、新作デザインの洋服を創作して商品化する一方で、服飾の芸術性を追求するアーティストでもあります。

　毎年開かれるファッションショーは、ファッションデザイナーのアーティストとしての一面を、一般にアピールする場でもあるのです。

　ファッションショーで一般に紹介されるデザインは、商品化が目的で創作されるわけではありません。あくまでも、ファッションデザイナーが発想した、その年のデザインイメージをアピールすることが目的です。

新作デザインの服は、ファッションモデルが身にまとい、ステージを歩きながら披露します。

（写真提供／小篠ゆまさん）

世界の一流ファッションデザイナーが集う

　ファッションショーは、一流のファッションデザイナーと作品が集められて世界の国ぐにで開かれています。ファッションショーでは、複数のファッションデザイナー（またはブランド）の新作デザインが発表されて、次のシーズンのファッションイメージを知ることができます。また、一流デザイナーによって発表される新しいデザインは、ファッション業界に影響をおよぼすことが十分に考えられます。

　ファッションショーは、春・夏と秋・冬のシーズンに向けて、年2回にわたって世界の主要都市で開かれています。ファッションショーに参加することは、一流の証しとなるため、若手のファッションデザイナーにとっては大きな目標となります。

　その一方で、最近は若手のファッションデザイナーを中心にして、音楽のライブ活動と同じように小さな会場や店などを利用したファッションショーがおこなわれています。

世界の5大コレクションのひとつ東京コレクションは、毎年3月と10月に開かれます。

国内最大級のファッションショーである東京コレクション（メルセデス・ベンツファッション・ウィーク東京）のようす。

新しいスタイルのファッションショー

　高級仕立て服（オートクチュール）や高級既製服（プレタポルテ）のファッションショーに対して、一般市民が購入できる価格の服「リアルクローズ」（日常生活で着ることができる現実性のある服）によるファッションショーが若い世代を中心に人気をよんでいます。

　たとえば、2002年に始まった「神戸コレクション」は、リアルクローズと音楽をドッキングさせた新しいスタイルのファッションショーです。会場では、出品された服をその場で購入できるシステムも採用されています。

　さらに、2005年に始まった「東京ガールズコレクション」は、リアルクローズを日本文化として輸出することを目的として開かれています。

世界の5大コレクション

　コレクションには、高級仕立て服のオートクチュール・コレクションと、高級既製服のプレタポルテ・コレクションがあります。1950年代までは、1月と7月に開かれるオートクチュール・コレクションが中心で、パリコレクション（パリコレ）をさしていました。

　しかし、1960年以降は、プレタポルテが広く普及したため、いまではパリコレといえば、プレタポルテ・コレクションのことをさすようになりました。

　プレタポルテ・コレクションは、パリをはじめニューヨーク、ミラノ、ロンドン、東京の、世界の5大都市で開かれることから5大コレクションとよばれています。

ファッションショーはこうして開かれる

ファッションショーは、ファッションデザイナーの服飾に対する考え方やブランドのイメージを多くの人に伝える場です。

そこで、音楽や照明、美しいファッションモデルなどで場内の雰囲気を盛り上げながら、デザインのイメージをはなやかに演出していきます。そのためファッションショーには、演出家、音楽関係者、照明技術者、ファッションモデル、ヘア＆メイク、衣装スタッフなど多くの専門家が参加します。また、ショーを円滑に進めるための会場も必要になります。

小篠ゆまさんのファッションショー

15時スタートのショーに向けて準備のようすをレポート

小篠ゆまさんは、リハーサルの始まる約1時間前に会場に入ります。リハーサルのあとに最終チェックを加えます。本番には舞台脇で立ち会い、必要に応じて指示を出します。

11:30 メイク開始
モデルにヘア＆メイクがされます。

11:40 衣装準備
衣装スタッフが、使用する洋服やアクセサリー・靴・バッグなどを準備。モデルは、ひとり約3着の衣装を着替えるため、もれがないようにそろえていきます。

13:00 リハーサル
本番同様のリハーサルをおこない、音楽や照明のようす、モデルの着替えの時間などをこまかくチェックします。

13:30 衣装スタッフとミーティング
小篠さんがリハーサルで気づいた部分（スカートのセンターがずれていた、裾を数センチ短くした方がいいなど）を、衣装スタッフが本番までに修正します。

14:50 フィッティングチェック
小篠さんがステージ裏で、準備の整ったモデルの最終チェックをおこないます。

15:00 本番
約20分間にわたり、新作デザインの洋服（約45着）を発表します。最後は、ファッションデザイナー自身がステージ（ランウェイ）に出てあいさつをします。

15:30 取材
ショーの終了後、約20分ほどマスコミの取材を受けます。

基本的に年2回おこなわれるファッションショーは、20～30分で構成されますが、準備から運営まで、高額の費用がかかるといわれています。それでも、ファッションショーは、ファッションデザイナーにとって実力を広くアピールする場として重要な意味を持っているのです。

ファッションデザイナーは、衣装のチェックやモデルへのアドバイス、ファッションショーの演出などについて、それぞれの担当者とあらかじめ打ち合わせをすませます。ショーの当日は、最終チェックをするほか、お客へのあいさつとマスコミの取材に応じます。

中島 篤さんのファッションショー

20時30分スタートのショーに向けて準備のようすをレポート

中島 篤さんは、本番の約3時間前に会場に入ります。最終チェックをすませたあと、本番ぎりぎりまでリハーサルをします。本番では、舞台裏にいてほとんど指示は出しません。

17:30 デザイナー到着
演出スタッフとかんたんに打ち合わせをします。

17:45 メイクチェック
モデルのヘア＆メイクのようすを確認します。

18:00 会場設営チェック
美術や照明・音響スタッフと最終確認をします。

18:30 衣装チェック
ステージ裏で準備を進める衣装スタッフと最終的な確認をします。

19:00 リハーサル
本番同様のリハーサルでは、モデルの衣装、靴、アクセサリーなどスタイリングをチェックします。

20:30 本番
本番が始まると、中島さんはステージ裏で見守ります。

20:50 終了
ステージ裏でスタッフと無事に終わったことを喜び合います。

21:00 取材
囲み取材後、控室で単独取材に応じます。

※写真は「メルセデス・ベンツファッション・ウィーク東京2016S/S」（2015年10月開催）で撮影。

ファッションデザイナーの仕事 ❷

ファッションデザイナーが
ビジネス感覚で新作デザインの洋服を発表する場が展示会です。

展示会で新作デザインを発表する

展示会の役割

展示会は、アパレルメーカーなどアパレル業界の関係者や複数のファッションデザイナーが、ひとつの会場を借りて開きます。ここでは、ブランドを立ち上げたファッションデザイナーが開く展示会について見ていきます。

展示会は、国内のさまざまな場所に会場を移して何度も開かれますが、ファッションデザイナーによっては国内のほか海外で開く人もいます。

ファッションデザイナーは、展示会のために数十種類以上のサンプルとよばれるデザインの見本となる洋服を制作して会場に展示します。

展示会には、おもに販売にかかわる小売業の仕入れ担当者（バイヤーという）が招かれます。バイヤーは、アパレルメーカーやファッションデザイナーと売買契約を結びます。展示会が終わると、ファッションデザイナーは必要な数量を縫製工場で生産することになります。ファッションデザイナーは、展示会ではバイヤーと取引きするビジネスマンとなるのです。

また、招かれたファッション関連の雑誌記者・評論家などは、シーズン直前に新作の情報を記事にしてファッション雑誌などに発表します。一般の消費者は、これらの情報をいち早くキャッチしてシーズンの到来を待ちます。

バイヤーとは

ファッション業界のバイヤーは、アパレル企業やデパート、服飾専門店などに所属して活躍する仕入れ担当者です。国内の展示会はもちろん、パリやイタリアなどヨーロッパやアメリカ、東南アジアまで世界中を回って取引きをします。そのため、世界のファッション界にネットワークを作るなど、国際的な人脈を作ることももとめられるのです。

仕入れの仕事は、服の買いつけだけでなく、原産地で生地を仕入れて、加工から販売までにかかわることもあります。

展示会を開く

　展示会は、翌年の春・夏ものが10月ごろ、その年の秋・冬ものが3月ごろに開かれます。会場は、東京や大阪をはじめ主要な都市のほか、必要に応じて海外でも開かれます。ファッションデザイナーの多くは、自分たちで会場を確保して、展示の準備も自分たちの手でおこないます。

　ファッションデザイナーは、展示会場で、バイヤーからさまざまな希望を聞いて、展示会のあと服に修正を加えていきます。買い手の希望に沿ってデザインを調整することも、売り上げをアップするためには必要なことなのです。

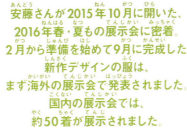

安藤さんが2015年10月に開いた、2016年春・夏もの展示会に密着。2月から準備を始めて9月に完成した新作デザインの服は、まず海外の展示会で発表されました。国内の展示会では、約50着が展示されました。

1 11時スタートに向けて約1時間30分ほど前から洋服が搬入される。**2** スタッフによるアイロンがけ。**3** 洋服にはサイズやカラー、バリエーション、素材、価格などを書いたタグがつけられる。**4** 洋服を展示していく。**5** 壁にロゴやイメージ画像を映し出すためのスライド映写機を準備する。**6,7** ボディに洋服を着せて展示する。**8** テーブルに洋服をていねいにならべる。**9** 展示会の1か月前に完成した洋服をモデルが着てスタジオ撮影して作った新作カタログを、会場に用意する。**10** 準備はすべて整い、展示会のオープン。

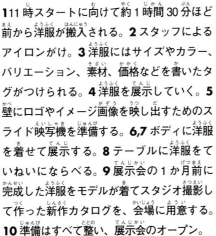

ファッションデザイナーが語る
新しいデザイン発表への熱い思い

ファッションデザイナーは、どのような思いで新作のデザインを創作して、コレクションに臨んでいるのでしょうか。ここでは、本書の取材に協力していただいた5人のファッションデザイナーの方に、ファッションデザインに対するこだわりをご自分のブランドやコレクションを通して語っていただきます。

AKIさん

文化服装学院卒業後、学生時代から見る機会があった、ピンクハウス(※1)の元デザイナー金子功氏(※2)のミュージカルを見ているようなはなやかな世界にあこがれて約10年間にわたって師事。2006年にはブランド「GUT'S DYNAMITE CABARETS」(ガッツダイナマイトキャバレーズ)を立ち上げる。2007～2008年の秋・冬東京コレクションに初めて参加する。その後、ミラノコレクションなどに参加、2010年に開かれた上海万博では日本代表として招待された。

つねに楽しくてはなやかなファッションの創作をめざしています。

私のブランドは、メンズとレディスの両方で、大人っぽいロックなアンダーウエアが中心です。私は、つねづね、ファッションは楽しくてはなやかなものと考えています。その精神は、ブランドの原点となっています。

2013年の秋・冬の東京コレクションは、私が単独で参加した記念すべきコレクションで、ゴールドをテーマカラーに私が素直に作りたいものを作ることができました。当日は多彩なゲストの友情出演をはじめ、スパンコール(装飾品)やビジュー(宝石)、ファー(毛皮)などをふんだんに使って、はなやかで派手なステージを見せることができました。

安藤大春さん

早稲田大学卒業。1997年に友人とともにインディーズブランドを立ち上げて、1999年には東京コレクションに参加する。2005年にはレディース・ブランド「Lessthan＊」(レスザン)を立ち上げる。翌年に社名をレスザンとして、2006年には東京コレクションに参加する。その後、2007年には、メンズブランド「レスザンゼロ」を立ち上げる。2014年、東京の日常をテーマにしたレディースの新ブランド「MIDDLA」(ミドラ)を立ち上げる。

女性が日常の中でさりげない着こなしを楽しむことができる、ふだん着をめざしています。

私が2014年に立ち上げたレディス・ブランド「MIDDLA」(ミドラ)のテーマは、「とある日の東京の日常」です。女性が毎日の生活の中でさりげなく着ることができる日常着です。たとえば、東京の青山通りをぶらりと歩くときに着ていただきたい洋服です。

ふだん着をめざしているので、時間があれば、自分で実際に街を歩きながら、みんながどんな服で街歩きを楽しんでいるか肌で感じるようにしています。

毎年9月下旬から10月にかけては春・夏ものの展示会を開きますが、2月から新しいデザインを考えてサンプルを制作します。1シーズンごとに約50着作ります。

小篠ゆまさん

文化服装学院服飾研究科卒業後、フランスにわたり、高田賢三氏（※3）のアトリエで研修。その後イギリスにわたり、ミチコロンドン（※4）のアシスタント・デザイナーをつとめる。帰国後は、国内のアパレルメーカーに入社したのち、1998年には自身のブランドを立ち上げる。女性ならではの感性にもとづいて、楽しく心地よいデザインを表現して、幅広い層の支持を得ている。

ファッションを身につける女性自身が内面からも美しくなり人生を豊かにさせる服を作りたい。

私は30代を迎えるころ、「YUMA KOSHINO」（ユマコシノ）を立ち上げました。このブランドのテーマは、「Spiritual Luxury」（スピリチュアル・ラグジュアリー）です。これは、「精神的なゆたかさ」を意味します。

私は、女性はどのような環境においてもつねに優雅な空気が流れ、そして、好奇心旺盛で、積極的であってほしいと思っています。そしてファッションデザイナーとして、素材の持つ性質や機能をいかに楽しく、心地よいデザインに生かせるかを心がけてきました。

私の感性やデザインを通して、世の中の女性の心がゆたかになり、そして人生をもっと輝かせてほしいと願っています。

白木大地さん

デザイン専門学校卒業後、渡米し老舗スーツファクトリーでテーラリングの技術を学ぶ。その後、株式会社マーキュリーを設立。2005年に「BOISNOVERNI」（ボイスノンヴァーニ）を立ち上げ、東京コレクションに参加。2008年のAFFコレクションでは日本代表として招待された。2015年にブランド「anuuné」（アヌーン）を立ち上げる。

自分の感性だけに頼らず、着る人の生活環境を深く考えながらデザインしていきたい。

私のブランド「anuuné」（アヌーン）のテーマは、上質な洗練された機能美の追求です。自分が注目している、歴史上のできごと、音楽、アートなど過去の文化や時代背景を自分なりに現代的な解釈をして表現することです。ブランドは、その考え方がもとになっています。

私の中には、売れなければ意味がないという思いがあり、自分の作った洋服を着る人のことはすごく考えてデザインしています。たとえば、お子さんがいる30代の場合にはどういうことに気をつければいいか、40代の女性の場合はどうなのかを考えて、事前の調査もしっかりやります。そのあたりを意識しながら新作の制作発表に臨んでいます。

中島　篤さん

名古屋ファッション専門学校を卒業後、アパレルメーカーに入社。第20回オンワードファッション大賞グランプリ受賞。その後フランスにわたりジャン・ポール・ゴルチェ氏に師事。帰国後、2011年に自身のブランドを立ち上げる。2012年にはDHLデザインアワードを受賞、2015年にはDHL Exported（※5）の海外進出支援プログラムを日本人ではじめて受賞した。

デザインを考えるとき、伝統を大事にしながら新しいものとの融合を図りたい。

「ATSUSHI NAKASHIMA」（アツシナカシマ）のテーマは、「ネオクラシック」です。これは、かつて私が師事したジャン・ポール・ゴルチェ氏（※6）のテーマである「ネオクラシック」にちなんでいます。これは、フランス文化をたいせつにして、歴史の中から自然に生まれてきたデザインと新しい時代の融合をめざすものです。

私も影響を受けて、クラシックなファッションデザインと新しいものの融合を心がけています。たとえば、2012年のコレクションでは日本とヨーロッパの融合を、2013年には2面性というテーマでコレクションに臨みました。ふたつの異る要素を組み合わせると、新しいものになるのです。

※1 現在はアパレルメーカー。※2 1980年代にブランド「ピンクハウス」などを立ち上げて人気を博した日本を代表するファッションデザイナー。※3 1960年代から活躍する、世界的に有名な日本のファッションデザイナー。※4 海外でも活躍する、日本のファッションデザイナー。コシノ3姉妹の末妹。姉はコシノジュンコ、コシノヒロコ。※5 航空機を利用して国際宅急便を輸送するドイツの会社。※6 1970年代から活躍する、世界的に有名なフランスのファッションデザイナー。

ファッションデザイナーの仕事 ③

ファッションデザイナーは、頭に浮かんだ新しいデザインのアイディアをファッション画（※）とよばれるスケッチで表現します。

ファッション画を描く

ファッション画にもとめられること

ファッション画は、発想したデザインイメージを平面の上に表現したもので、展示会に出品する種類に合わせて必要な数だけ描きます。

描きあげたファッション画は、新しいデザインの洋服が世の中に出るまで、すべての作業にかかわる重要な役目をはたします。たとえば、どのような人を対象にデザインを考えるのか、どのような生地を使うのか、どのような織り糸でどう織るのか、どのような付属品が必要か、などのこだわりが記入されます。このように、ファッション画には、ファッションデザイナーが伝えたいテーマがこめられているのです。

ファッション画には、そのままファッションデザイナーの個性が表現されています。

AKIさんの場合

小篠ゆまさんの場合

白木大地さんの場合

※デザイン画ともよびます。

ファッション画の役割

ファッション画は、〔…〕ことで欠かせないことなのです。
具体的に平面上に描きだ〔…〕らに、ファッション画には、平面を実際の形（立体
ションデザイナーは、思い〔…〕するパタンナー（27ページ）へのこまかい指示も
を絵に描きながら、同時に生地〔…〕ます。たとえば、各部分の縫製の仕方、ボタン
どの装身具、ボタンやジッパー〔…〕のつけ方など、とくにこだわる部分はていね
うな素材のものを使うかファッシ〔…〕ておく必要があります。
きます。これを指示書といいますが、〔…〕画に記入された指示によって、最終的に
これから作ろうとする服の予算を見積も〔…〕も間違いのない作業ができるのです。
す。予算の見積もりは、新しい服の価格設〔…〕

ファッション画を描くためには、〔…〕必要な付属品の選別があらかじめも〔…〕

〔…〕は、手描きしたファッション画をパソコンに
〔…〕こみ、画面上で色をつけていきます。

使用する生地やボタンなどの情報をファッション画に書き入れるAKIさん。スタッフは、AKIさんの指示にしたがって生地見本を小さくカットしていきます。

小篠ゆまさんは、ファッション画とは別に「スタイリングマップ（デザインごとに使用する生地見本をつけたもの）」（上）と「素材マップ（ひとつの生地をどのデザインに使用するかしめしたもの）」（下）とよぶ指示書を添えます。先に生地を決めてデザインをイメージするのが小篠さん流です。

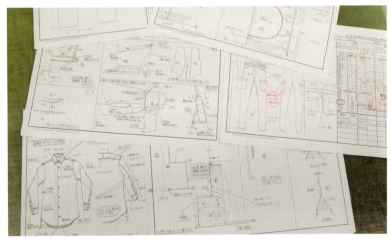

通常はパタンナーが指示書を書きます。白木さんの場合、パタンナーに伝わりづらいような複雑で難易度の高い商品は、本人が縫製のこまかな指示も書きこみ、そのまま縫製工場へわたすこともあります。

ファッション画を描く作業

ファッションデザイナーには、発想したアイディアをより効果的にファッション画に表現するため必要なことがあります。その、もっとも大きな要素のひとつが生地です。これから作ろうとする服にもっとも最適な生地を選ぶことは、デザインイメージの実現を成功させるカギとなります。とくに、それまで使ったことのない生地との出合いは、ファッションデザイナーの創作意欲を強く刺激してくれるといいます。そのためにもファッションデザイナーは、ふだんから生地にかかわる情報のキャッチをおこたることはありません。ファッションデザイナーの中には、まず使いたい生地を選んで、その生地を生かすアイディアにもとづいてファッション画を描く人がいます。その一方、ファッション画を描いてから生地を選ぶ人もいます。

また、生地をどう織るか、この点もファッション画では重要な要素となります。とくに、縫製技術の発達により、新しい織り方が登場すれば、それをデザインで生かすことも考えに入れなければなりません。

さらに、でき上がった洋服をどのような人が着るかを考えなければなりません。たとえば、若い人か中高年世代か、男性か女性かなど、外見上のことが挙げられます。また、その人がどのような環境で暮らしているか、人びとはどのようなものをもとめているか、ということもデザインイメージをふくらませる上でたいせつな要素となります。

以上のような要素を盛りこみながら、ファッションデザイナー自身が作りたい服のデザインイメージを、ファッション画に表現することがたいせつなのです。

ファッションデザイナーは、立体的なデザインイメージを頭の中で描きながら平面のファッション画を仕上げていきます。

白木大地さんは、0.5mm、0.7mm、0.9mmなど繊細な芯のシャープペンとデッサン用の鉛筆で下描きして、最後に色をつけてファッション画を仕上げます。色はできるだけ最終的な生地と近い色にするため、多数の色の色鉛筆やマーカーペンを使っています。

ファッション画を描く道具

ファッションデザイナーがファッション画を描くとき、多くの場合は鉛筆か色鉛筆で手描きをしていきます。そして、ていねいに着色する人もいれば、鉛筆の線だけですます人もいます。中には、イメージをたいせつにしてファッション画をほとんど描かない人もいます。

最近はパソコンもファッション画を描くための道具として利用されています。たとえば、紙に線画で描いてパソコンに取りこみ着色する人がいます。また、描画ソフトを利用して直接パソコンにファッション画を描く人もいます。

世界的な流行を見すえながら、シーズンのテーマを決定。小篠さんの場合、大きく4つのテーマを設定してイメージさせる風景や洋服のデザイン、色などさまざまな写真を集めたものと、素材のイメージの資料をセットで用意します。

小篠さんの独特な世界は、スタイルのサンプルや生地見本など、多くのカラフルな資料を収集してイメージを広げながらファッション画を制作することで完成していきます。

小篠さんは、独自に用意した紙にファッション画を描きます。その紙は、裏に描いた絵がすけるくらい薄いもので、ブランドのロゴが印刷されています。紙の裏にはうしろ向きのスタイルを描きます。上着をデザインするときは、下に着る服装のデザインの表裏も描きます。

デザインごとに使用する生地見本をつけたスタイリングマップは、ファッション画と素材見本をセットにした指示書的なもの。

写真は、ファッションショーでモデルが着用したときの完成した洋服の表と裏。左のスタイリングマップをもとに作られています。

生地と色彩、生地と糸や
付属品のコンビネーションは、
デザインの成否を左右する要素ですから、
ファッションデザイナーも
慎重に作業を進めることになります。

色見本帳から、慎重にカラーを選ぶAKIさん。

白木さんが使用している素材ノートの一部。生地のほか、糸や毛糸、ファスナーやボタンなど、洋服に欠かせないさまざまな素材の見本が収集されています。

写真は、安藤さんがオリジナル注文した生地で作った洋服。生地には、船のいかりやブランド名の頭文字であるMがあしらわれています。

生地を選定する

実際に服を作るためには、何はさておき生地が必要です。ファッションデザイナーは、2つのシーズンによる素材の違いや、着る人の目的に合わせて最良の生地を選び、ファッション画に盛りこみます。そのため、ファッションデザイナーには、生地に対する深い知識と経験が欠かせません。

生地は、おもに専門の生地業者があつかっています。生地業者は、国内や海外の織物や織り糸（ねん糸という）の産地から、つねに多くの種類と新しいものを買い入れています。そのため、ファッションデザイナーは国内の生地業者と打ち合わせをしながら、豊富な生地見本から生地を選びます。または、パタンナーがファッションデザイナーの指示書にしたがって、生地選びをすることもあります。

ファッションデザイナーは、新しいデザインにふさわしい生地に出合うための努力を惜しむことはありません。地球上の隅々まで、生地の産地をおとずれることもあります。生地は、ひとつのシーズンでも複数のデザインに使い分けたり、オリジナル性を重視して発注することもありますから、生地探しは重要な役割をはたすのです。

生地の基礎知識

生地の種類は、大きく「天然繊維」と「化学繊維」に分けられます。

■天然繊維…植物を原料にした植物繊維と動物を原料にした動物繊維があります。植物繊維には綿（コットン）や麻、動物繊維には羊毛（ウール）や絹（シルク）、カシミヤ、羽毛（フェザーなど）があります。

■化学繊維…科学的に合成されたり加工されて作られた繊維で、再生繊維（レーヨン、キュプラなど）、半合成繊維（アセテートなど）、合成繊維（ナイロン、ポリエステル、アクリル、ポリウレタンなど）があります。

ファッションデザイナーの仕事 ④

ファッション画を描き終えると、次に、平面のイメージから立体化を図ることになります。ファッションデザイナーは、立体化の専門家パタンナーに依頼します。

新作デザインを立体化する

最高のパートナー「パタンナー」

ファッションデザイナーにとって、もっともたいせつなスタッフがパタンナーです。その仕事は、ファッション画に合わせて作った型紙（パターン）をもとに生地を立体裁断して、人が実際に着るときの形に作りあげることです。

パタンナーにもとめられるのは、生地の裁断技術や縫製技術です。また、人が着たときの感触や着心地のよいシルエット（輪郭）を考えることもたいせつなことです。

パタンナーは、ファッションデザイナーのもとに所属して活躍するスタイルと、フリーランスで事務所をかまえて活躍するスタイルがあります。いずれの場合も、パタンナーには、ファッションデザイナーが意図することを深く理解して、ファッション画から具体的な服の形にしていくことがもとめられます。

新しいデザインイメージが平面から立体化されたとき、
ファッションデザイナーは
創作意欲をかき立てられるような
新しい発見をするに違いありません。

小篠さんが、パタンナーとともにボディを使ったトワルチェックをおこなうようす。

パタンナーの作業

　パタンナーが作る型紙には、ファッション画に指示された寸法や形が実寸で再現されます。

　型紙には2種類あります。まず、ファッション画にもとづいて作られる型紙をファーストパターンといいます。展示会に出品する見本（サンプル）は、ファーストパターンから縫製されます。パタンナーは、ボディ（実際の人のサイズに合わせた上半身の人型）に縫製した生地を着つけながら、ファッションデザイナーとともに修正（パターンチェック）を加えて、展示会用のサンプルを仕上げていきます。

　そして、もうひとつが工業用パターンとよばれるものです。これは、縫製工場で大量生産するための型紙です。

パタンナーは、デザインの意図を読み取り、ときにファッションデザイナーが思う以上の理想の形をパターンの中に再現できるように工夫します。

パタンナーが使う道具（定規、袖ぐりや襟ぐりなどの曲線の長さを測れるカーブ定規、針を刺しておくピンクッション、メジャー、たちばさみ、糸切りバサミ、鉛筆）など。

中島さんのパタンナーが、ファッション画からファーストパターンを制作しているところ。

パタンナーをめざす

　パタンナーになるには、一般的にファッション系の専門学校でアパレルやファッションという名称のついたコースや、大学・短大の服飾学科で学びます。学校では、縫製技術や生地のことなど、基本的な教育を受けます。

　卒業後は、アパレルメーカー、縫製工場、ファッションデザイナーの事務所（またはアトリエ）、パタンナーの事務所などに就職して活躍します。その後、実績を積んで、フリーランスで活躍することもできます。いずれにしても、ファッションデザイナーとコンビを組んで活躍することになります。

パタンナーがボディに着せた仮縫いの生地を、ファッションデザイナーがチェックします。修正点にはピン打ちしてさらに修正を加えて最終的なパターンを作成します。

サンプルを作る

ファッションデザイナーがパタンナーとともに、展示会や縫製工場での大量生産に向けて作るのがサンプルです。サンプルは、商品見本であり、バイヤーの要求を取り入れたり、工場の縫製技術などに合わせて、さまざまな修正が加えられたものです。もちろん、立体化されたサンプルを見て、ファッションデザイナーのこだわりから修正を加えることもあります。

■展示会用のサンプルを作る

ファーストパターンから作るサンプルです。展示会では、必要な種類の数のサンプルがならべられます。ファッションデザイナーは、展示会に訪れたバイヤーとサンプルをチェックしながら取引きをしていきます。このとき、バイヤーからはいろいろな意見が出されます。ファッションデザイナーは、バイヤーの要求に応じてパタンナーとともに修正を加えます。

■大量生産のためのサンプルを作る

展示会での取引きが終わると、注文を受けた数だけ縫製工場に仕立ての依頼をします。ファッションデザイナーとパタンナーは、展示会に出したサンプルに修正を加えて大量生産のためのサンプルを作ります。縫製工場では、そのサンプルにもとづいて大量生産します。

中島さんのサンプルをボディに着せて、ゆがみがないか、指示どおり縫製されているかなどをチェック。

サンプルのできばえは、完成品に直結します。
日本の縫製技術の高さによってサンプルは
完成された洋服となり、
ファッションデザイナーの夢が実現します。

小篠さんのアトリエにならぶサンプル。

安藤さん制作の展示会向けサンプル。

ファッションデザイナーの仕事 ⑤

展示会が終わると、いよいよ新作デザインの洋服の大量生産に入ります。そのため、ファッションデザイナーはパタンナーとともに、デザインに最終の修正を加えて縫製工場に仕立てを依頼します。

縫製工場に仕立てを依頼する

縫製工場で大量生産する

展示会がすべて終了して、次のシーズンに必要な数が決まったら、いよいよ必要な数だけ大量生産にかかります。大量生産は、デザインや素材によって選ばれた縫製工場でおこなわれます。

ファッションデザイナーは、展示会で受けた注文の数を確認して、納品の予定を立てて縫製工場に依頼します。縫製工場の納期は、シーズンの流通に間に合うように設定され、基本的にシーズンが始まる前になります。ファッションデザイナーによっては、スケジュールを管理する専門のスタッフがいる場合もあります。スケジュール管理のスタッフは、ファッションデザイナーと打ち合わせて縫製工場に、仕立てる洋服の順番や納期などを伝えます。ファッションデザイナーにとって、縫製工場とのネットワークを作ることは完成品に直結するもっとも重要な仕事のひとつです。

ファッションデザイナーが新しいデザインの洋服の大量生産を依頼する決め手は、縫製工場の技術の高さにあります。

ここは、高級婦人服（プレタポルテ）の縫製・加工が専門の辻洋装店（東京都・中野区）。創業約70年の工場内にならぶ、さまざまな能力を持ったミシン約60台。いそがしいときには、50人の職人がフルで作業にあたります。

縫製工場の作業

縫製工場では、ファッションデザイナーやパタンナーの指示にしたがって、熟練した縫製工が縫製作業にとりかかります。その技術は、ファッションデザイナーやパタンナーが信頼して任せられるものです。

縫製工場の作業は、ほとんどの場合、流れ作業が主流となっています。縫製工は、大量生産のためのパターンにもとづいて部品ごとに裁断し、表地、裏地をはじめボタンなどの付属品をそろえます。その後、ミシンで仕立てて完成させます。

縫製された服は、ファッションデザイナーやパタンナーがチェックしながら、必要に応じて修正を加えていきます。縫製の現場では、修正があれば、その指示にしたがって作業をおこない完璧なものに仕上げていきます。

縫製技術の高さを誇る技術者が、ファッションデザイナーの思いを受けついで、新しい洋服を一着一着と完成させていきます。

この縫製工場では、縮みや変形を防ぐため、裁断前に生地を広げてリラックスさせます。

自動裁断機でスピーディかつ正確に生地を裁断します。

さまざまな縫い方ができる特殊なミシンを使って縫製します。

完成した洋服をボディに着せて、仕上がりを細部までチェックします。

全製品に針が残っていないか最終チェックするため、検針機を通して確認します。

最後にプレス工程を経て完成！

洋服を完成させる縫製工

縫製工になるためにとくに資格は必要ありません。縫製工場に就職したあとは身につけている技術力によって適切な役割について働くことになります。縫製の工程によって差がありますが、全工程の技術を身につけるには約3〜5年かかるといわれています。そして、実務経験を積みながらミシンを担当するようになり、最終的には縫製の現場を監督する立場につきます。

ファッションデザイナーの仕事 ❻

国内外の有名ブランドを販売する、
ファッションデザイナー直営の小売り店があります。

ブランド直営店で販売する

ブランド直営店の役割

でき上がった新しいデザインの洋服は、バイヤーによってさまざまな小売りの現場に流通していきます。小売り店の中で、さまざまなブランドをあつかう店をセレクトショップといいます。

それに対して、ひとつのブランドを専門にあつかい、国内外の有名ファッションデザイナーの名をつけた店があります。有名ファッションデザイナーのブランド直営店には、服だけでなく、バッグや靴、アクセサリーなどがならんでいます。

利用客は、自分の好きなブランド名の直営店を選ぶことができます。そして、洋服から装身具までひとつのブランドで統一することが可能です。

ファッションデザイナーの名前やブランド名がついた店には、新作の洋服に合わせてバッグや靴、装身具も陳列され、トータルにおしゃれができるよう演出されています。

東京駅に直結した大丸東京店にある、小篠ゆまさんのブランド「YUMA KOSHINO」（ユマコシノ）の店。季節ごとに入れ替わる新作の洋服のほか、アクセサリーやバッグも販売されています。

ファッションデザイナーの気になるQ&A

ファッションデザイナーをめざしたいけれど、
気になることがあるある〜。
そんな疑問に私たちが答えます。
これですっきり、もう安心！
さぁ、めざそうファッションデザイナーを。

そうだったのか。

なるほど、納得だわ。

Q1 ファッションデザイナーには専門的な知識と技術が必要のようだけれど、では、どんな資格を取得すればファッションデザイナーになれるのかしら？

A　ファッションデザイナーになるには、とくに資格は必要ありません。ここでは、ファッション業界に就職するとき、役に立つと思われるおもな資格を参考までに挙げておきましょう。

■ファッションデザイナー認定試験…名称や機能などファッションデザインの知識の程度を知ることができます。日本デザインプランナー協会によって実施されます。

■ファッション色彩能力検定…ファッションの流通や商品などに関する専門知識を色彩の面から検定します。日本ファッション教育振興協会によって実施されます。

■洋裁技術認定試験…洋服を作るための知識や技術について、自分にはどの程度の実力があるかを知ることができます。試験は、日本ファッション教育振興協会が認定する教育施設でおこなわれ、初級・中級・上級までの等級があります。

■パターンメーキング技術検定…ファッションについて学ぶ学生を中心に、日本ファッション教育振興協会によっておこなわれ、技術の実力を判断できます。とくに、パタンナーをめざす場合は有利になるといわれています。

Q2 ファッションデザイナーをめざしたいのですが、いま活躍しているファッションデザイナーは、どのような進路をたどってきたのですか？

多くのファッションデザイナーは、ファッション系の大学や短大、専門学校で専門的な教育を受けています。次の図は、高等学校を卒業してプロになるまでの基本的な進路をしめしたものです。

普通科高等学校

ファッションコースのある高等学校
（一部の私立高等学校）

Q3 いま活躍しているファッションデザイナーは、どのようなきっかけでファッションの仕事をめざそうと思ったのでしょう。教えてください。

この本に登場していただいた5人のファッションデザイナーの方が、きっかけを教えてくれました。

AKIさん

もともと絵を描くのが好きで、小学校のころからいろいろ賞をいただきました。周りからもほめられるし、自分でも将来はデザインの仕事につきたいと思うようになりました。そのころ、母がとても服が好きで家にはファッション雑誌がたくさんありました。私も自然とファッション雑誌を目にとめるようになり、そのはなやかな世界に魅了されて楽しそうだなと思いました。そのときから、ファッションデザイナーになりたいと思うようになりました。

安藤大春さん

いとこがファッションに関心を持っていたので、私も小さいころから、その影響を少なからず受けて育ちました。その後、いとこがファッションデザイナーになり、その仕事ぶりを見てあこがれるようになりました。とはいえ、とくにファッション系の学校に進むことはなくて、早稲田実業高校から早稲田大学に進学しました。

それでも、ファッションへの興味から、昼間は大学で勉強しながら、夜になると専門学校に通ってファッションの勉強を積みました。そのころ、いとこがイタリアにわたって活躍していることも刺激になったのかもしれません。

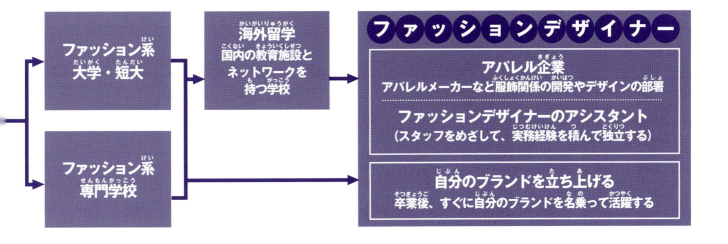

小篠ゆまさん

私は、ファッションデザイナーの家系（母はコシノヒロコ）に生まれました。幼いころからデザイン画を描く母の横で一緒に絵を描いたり、ミシンの下で遊んだりと、ファッションの世界がつねに身近にありました。母の跡をついでほしいという周りの期待はありましたが、私自身はたくさんの可能性を試してみたいと思い、学生時代はスタイリストやモデルなど、さまざまな仕事を経験しました。

文化服装学院でファッションの基礎を学んだあと、パリにわたり世界的に有名なファッションデザイナー、高田賢三氏のもとでアシスタントデザイナーとして研修し、その後にロンドンで活躍する叔母（コシノミチコ）のブランド、ミチコロンドンでアシスタンドデザイナーをつとめました。ほかの仕事もたくさん経験した上で、最後には、やはり自分がやりたいことはファッションデザイナーだと確信しました。

白木大地さん

私が生まれた神戸の家は、父が生地をあつかう会社を営んでいます。さらに、いちばん上の姉はルイ・ヴィトン（※）の店で働き、下の姉は宝塚歌劇団に入って活躍していました。そんな環境ですから、私の周りはいつもおしゃれな洋服がいっぱいでした。おかげで、私も小さいころから洋服に囲まれていたため、自然に洋服に興味を持ちながら育ちました。もともと絵を描くことも好きだったので、創造的な世界にあこがれていたことは確かです。

ファッションの知識や技術は親から教えてもらっていたので、専門学校ではあえてグラフィックデザインとファッションデザインの両方を勉強できるようなコースを選びました。その理由は、これからのファッションデザインにグラフィックデザインが欠かせないと考えたからです。

中島　篤さん

私にとって、曾祖父（祖父母の父）が画家だったことは少なからず影響していると思っています。でも、絵を描いていても生活できないと思い、ファッションデザイナーをめざそうと考えましたが、家は厳格で両親は大反対でした。そのため、とりあえず親の意見にしたがって、ふつうに一般の会社に就職したのです。

そうして、もらった給料をためて、アルバイトをしながら自力で名古屋ファッション専門学校のファッションスペシャリスト科へ入学しました。猛勉強したおかげで、コンテストではよい成績をおさめることができました。そんなようすを見ているうちに、親も次第に認めてくれるようになり、途中から学費を出してくれるようになりました。また、奨学金を受けることができて、自分で学費をかせぐ心配がなくなりました。

※フランスのマルティエ（スーツケース職人）が立ち上げたブランド。洋服のほか、バッグやサイフ、小物など幅広い分野で人気がある。

Q4 ファッションデザイナーをめざして、ファッション系の大学や短大、専門学校に進学しようと考えていますが、どのようなことを学ぶのでしょうか？

ここでは、あるファッション系の大学（ファッションデザイン学科）と専門学校（ファッションデザイン科）の基本的なカリキュラムを一例として紹介します。

ファッション系の大学（四年制）のカリキュラム例

1年次

本人が特性を自覚して、ファッションにかかわる専門分野の知識を理解できることを目標にカリキュラムが組まれています。
- 学科共通の科目（ファッションデザインの概論、民族衣装についての知識、服飾の基礎、染織の知識、ファッションデザインの基本実習など）
- 特別な科目（ファッションデザインについての講義など）

2年次

ファッションに関する歴史や文化的な意義などを考察して、視野を広げながらデザイン意識を高めていきます。
- 学科共通の科目（西洋におけるファッションの歴史、ファッションの社会学、ファッションのコーディネート、ニットのデザイン、パターンメーキングなど）
- 特別な科目（ファッションデザインの実習、ファッションデザインの企画立案、テキスタイルデザインの実習、ファッションの講義など）

3年次

ファッションに関する専門的な技術を身につけていきます。
- 学科共通の科目（ファッションに関する人間工学的考察、マーケティングの実践、縫製技術、ファッションのCADの技術など）
- 専門の科目（ファッションデザインの実習、テキスタイルデザインの実習、ファッションデザインの企画実習など）

4年次

これまで学んできたことがらのまとめと卒業制作。
- 学科共通の科目（ファッションデザインにかかわる演出術など）
- 専門の科目（ファッションデザインの応用、テキスタイルデザインの応用、ファッションの企画など）
- 卒業制作

ファッション系の専門学校（二年制）のカリキュラム例

1年次

ファッションの基礎や色彩について学びます。
- 科目（服飾一般の知識とデザイン基礎の実習、パターンメーキング、コンピュータ実習、ファッション画の実習など）
- 制作（スカートやズボン、ワンピース、ブラウスなど）

2年次

より高度な技術と豊かな発想をやしない、ファッションの応用力を育てていきます。
- 科目（本格的なファッションデザインの実習、より高度なパターンメーキング、CADの実習など）
- 制作（子供服、ジャケット、パンツ、修了の作品）

Q5 ファッションデザイナーやパタンナーの仕事については理解できたけれども、ファッションの世界には、ほかにどのような職業がありますか？

洋服にかかわる職業から、日本の伝統的な和装にかかわる職業まで、おもなものを挙げていきます。

テキスタイルデザイナー

テキスタイルとは、布地や織物（ファブリックという）のデザイナーです。染織家ともよばれて、糸選びから配色、図柄、加工まで織りと染めのすべてにかかわります。

ファッションモデル

ファッションにかかわる広告やファッション雑誌、ファッションショーなどで新作デザインの洋服を身につけてブランドのイメージを広く伝えていきます。

ファッションアドバイザー

服飾関係の小売り店で販売を担当します。お客の好みやアドバイスをするため、ファッションの広い知識がもとめられます。

リフォーマー

お客の注文に合わせて、洋服を仕立て直します。

スタイリスト

映画やテレビ、雑誌の出演者に、場面にふさわしい衣装やアクセサリーなどを調達します。

ブライダル衣装スタッフ

結婚式にかかわる職業です。花嫁や新郎の衣装をレンタルする貸衣裳の店や式場に所属して、衣装選びから仕立て直しまで担当します。

和裁士

反物から、さまざまな和服を仕立てます。和装についての高度な知識と技術がもとめられます。

きものアドバイザー

着つけ教室や呉服店・呉服売り場、貸衣装店で活躍します。

着付け師

自分で着物を着ることができない人のために、着つけてあげます。

Q6 ファッションデザインという仕事のやりがいや楽しいことを教えてください。それから、ファッションデザイナーをめざすとき、気をつけることを教えてください。

この本に登場していただいた5人のファッションデザイナーの方に、ファッションデザインという仕事に対する思いや、あなたがファッションデザイナーをめざそうと思ったとき、どのようなことに注意したらいいかを聞きました。

AKIさん

ファッションデザインへの思いは……

いまの私にとって、ファッションの仕事は楽しくてしかたがありません。生まれ変わったら、またファッションデザイナーになりたいと思います。仕事のやりがいは、いろいろな人に会えることです。たとえば、婦人向けの洋服をデザインすれば、婦人の趣味などを調べるために多くの女性に会う機会が増えます。若い男性の洋服を作るときには、10代の男の子の趣味などを実際に会って話を聞いたりします。英語は苦手だけれど、海外にもよく出かけます。とにかく、いろいろな人と出会えるのが楽しくて、ファッションデザイナーという仕事を選んでよかったと思います。

ファッションの仕事をめざすときに……

ファッションの仕事は、自分が作りたいものを作るのではなく、相手の人がどんなものをもとめているのかを考えることが大事。個性とは奇をてらうことではなく、求められたデザインの中に自分らしさをにじみ出せる強さだと思います。カレーの中に肉を入れても魚を入れてもカレーの味がするんです。

ファッションデザイナーをめざすなら、今は、とにかくいろいろなものを見てください。その中から自分が好きなモノを見つけて、深くつきとめておくことがたいせつです。

安藤大春さん

ファッションデザインへの思いは……

私が手がけている服は、日常生活の中でさりげなく着こなせるような「日常着」です。そのため、自分が繁華街を歩いているときに、ふと自分のデザインした服を着ている女性と出会うこともあります。その女性が、じょうずに着こなしてくれているのを見たときは、とてもうれしくなります。自分の作った服を着て、街歩きを楽しむ人がもっと増えてくれたらと思ってしまいます。私は、お母さんから娘さんに、次の世代に受けつがれていくことを期待しながら、新しいデザインに取り組んでいます。

これからも、ふだん着としてのテーマを追求していきたいと思いますし、よりすてきな服を提供できるか、まだまだ可能性が広がっている世界だと思っています。

ファッションの仕事をめざすときに……

あなたの周りにいる人たちが、どのようなときにどのような服を着ているか、気にとめたことはありますか。きっと、それぞれの人たちが個性的な色や形の組み合わせで洋服を着こなしていることでしょう。

このように、ふだんの景色の中で気づきながらファッションへの興味を高めることができるのです。気づきは、新しい発見につながる原点です。どんな小さなことでも気にとめる習慣を身につけることは、これからファッションデザイナーをめざすとき大いに役立つに違いありません。

小篠ゆまさん

ファッションデザインへの思いは……

ファッションとは私たちのライフスタイル（生き方）に大きな影響をあたえるものです。自分の気持ちが変わったり、ときには周りの環境をも変える力を持っています。人生をすてきに演出するもの（ツール）として、ファッションは大きな可能性を秘めています。ファッションデザイナーとして、新しいファッションを発表、提案することでみなさんの人生がさらに輝くことを願っています。

ファッションの仕事をめざすときに……

ファッションデザイナーをめざすなら、世の中で、美しい、完成度が高いと評価されているものをたくさん見てください。よいものをたくさん見ることで、自然とよいものとそうでないものをみきわめることができるようになります。なんでもたくさん見て、知ることがたいせつです。ぜひ、ほんものに触れて、そのとき自分が驚いたのか、うれしかったのか、どのような感情を持ったのか肌で感じてください。経験することは、自分の中で感性の貯金箱を持つことになります。自分の個性を作ることをブランディングといいますが、小さいことから始められるものです。たくさんの経験を通して、自分が好きなことやものを明確にしてください。そして、自分の思う感性を第三者に提案していきましょう。

白木大地さん

ファッションデザインへの思いは……

仕事の上で、人との出会いが大きな転換になることがあります。かつて有名なバイヤーの人と知り合ったことが、自分のデザインを世界に向けて発信するきっかけになりました。その人から展示会でカット・ソー（編みものを裁断してから縫製する洋服のこと）の技術のまずさを指摘されたことがありました。おかげで、それから猛勉強して、いまではカット・ソーも自分の強みのひとつになっています。ファッションデザイナーにとっていちばんたいせつなことは、自分が作った洋服をお客さんに喜んで着ていただくことだと知らされた思いがあります。

自分は、いまでも修業期間にいるという思いで仕事をしています。これからは、ファッションショーだけではなく、時代に合ったさまざまな表現の方法を考えています。ファッションを通して自分の文化を作ることが目標です。

ファッションの仕事をめざすときに……

いちばんたいせつなことは、何ごともあきらめないことです。なんでもいいから、ナンバーワンをめざしてほしい。いかに興味を持って、掘り下げていくか。デザインの仕事には、それがたいせつだと思っています。そういう手順を踏むことに慣れてほしい。これからいろいろな人に出会って、自分の世界を広げていくことがたいせつだと思います。

中島　篤さん

ファッションデザインへの思いは……

自分にとって目標は、自分のブランドであこがれのパリコレに出ることです。自分は、その上で、時代を作っていくクリエーターをめざしてファッションデザインにたずさわっていきたいと思っています。

ファッションの仕事をめざすときに……

ファッションデザイナーには、それまでに自分が見てきたものすべてがインスピレーション（ひらめき）の原動力となるのではないでしょうか。先人が、どのようにしてデザインを積み重ねてきたのか、いまに至るファッションの流れや歴史の知識を得ることはもちろん、同時に建築でも絵画でも、いろいろな表現を見て吸収していくことがたいせつです。

私も、パリにいるころ、ことばは分からなくてもファッションの洋書を読みあさりました。そうしているうちに、もう、見たことがないものはないというくらいになって、いまとても役に立っていると思います。

✳ この本を作ったスタッフ

企画制作	保科和代
編集制作	スタジオ248
デザイン	渡辺真紀
イラスト	あむやまざき
写真撮影	相沢俊之
DTP	株式会社明昌堂

✳ 取材に協力していただいた方（敬称略）

東京ファッションデザイナー協議会（CFD TOKYO）

AKI（ファッションデザイナー）
安藤大春（ファッションデザイナー）
小篠ゆま（ファッションデザイナー）
白木大地（ファッションデザイナー）
中島　篤（ファッションデザイナー）
杉野学園衣裳博物館
「ファッション甲子園」実行委員会事務局（青森県弘前市）
株式会社辻洋装店
一般社団法人日本ファッション・ウィーク推進機構（JFWO）
大丸東京店

時代をつくるデザイナーになりたい
ファッションデザイナー

	2015年12月25日　初版 第1刷発行
編　著	スタジオ248
発行者	圖師 尚幸
発行所	株式会社 六耀社
	東京都江東区新木場2丁目2番1号　〒136-0082
	電話 03-5569-5491　Fax 03-5569-5824
印刷所	シナノ書籍印刷株式会社

NDC375／40P／277×210cm／ISBN978-4-89737-817-6
Ⓒ 2015 Printed in Japan

本書の無断転載・複写は、著作権上での例外を除き、禁じられています。
落丁・落丁本は、送料小社負担にてお取り替えいたします。